夜ながめて朝テストドリルの特長

一生モノの学習習慣が身につく！

☑ 夜と朝の脳に合った学習ができる！

夜は睡眠により記憶が定着しやすく、朝は脳が最も活発にはたらくといわれています。このドリルでは、夜と朝それぞれの時間帯の脳のはたらきに合わせた学習法で効率よく学習できます。

☑ 1回1ページで無理なく続けられる！

「夜は表のイラストをながめて学ぶ・朝は裏の問題を解く」という無理のない量で構成されているので、負担を感じることなく、楽しくやりきることができます。

☑ テストのページで理解度を確認できる！

夜・朝のページだけでなく、テストのページも収録しています。夜・朝のページで学んだことの理解度を確認することができます。

夜ながめて朝テストドリルの使い方

1 寝る前に夜のページ（表）をながめる。

夜、寝る前は記憶のゴールデンタイムといわれています。楽しいイラストをながめながら、計算について学びましょう。1枚ずつはがして使うこともできます。

2 ぐっすり眠る。

脳は、寝ている間に記憶を整理します。ぐっすり眠って、学習した内容を定着させましょう。

3 起きたら、朝のページ（裏）の問題を解く。

朝は脳が最も活発にはたらく時間帯です。前の日の夜に学んだことを思い出しながら、問題を解きましょう。解き終わったら、おうちの方に答え合わせをしてもらいましょう。

いっしょに がんばろう！

コッコ　ホッホ

1 5までの かず

ながめて
おぼえよう

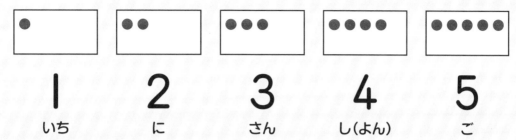

●	● ●	● ● ●	● ● ● ●	● ● ● ● ●
1	2	3	4	5
いち	に	さん	し(よん)	ご

ぞうの かずは
1

くまの かずは
3

うさぎの かずは
2

犬の かずは
5

ねこの かずは
4

5までの かずを おぼえたら、ゆっくり おやすみ！

1 すうじを　かきましょう。

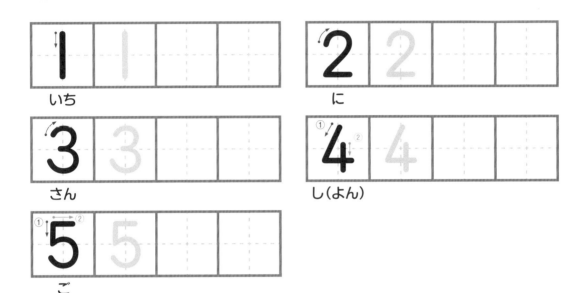

いち

に

さん

し（よん）

ご

2 かずを　かぞえて、すうじで　かきましょう。

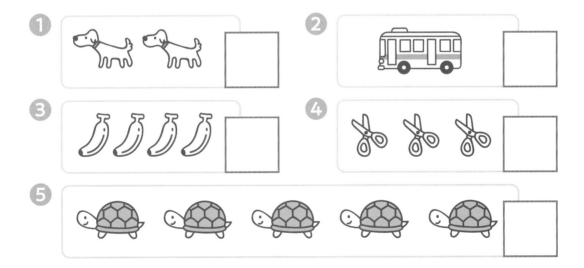

① ② ③ ④ ⑤

 1から　5までの　すうじが　じょうずに　かけたね。

こたえ
▼
75ページ

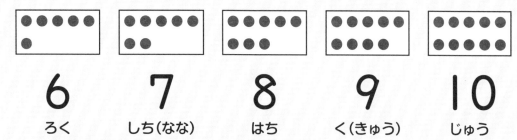

6	7	8	9	10
ろく	しち(なな)	はち	く(きゅう)	じゅう

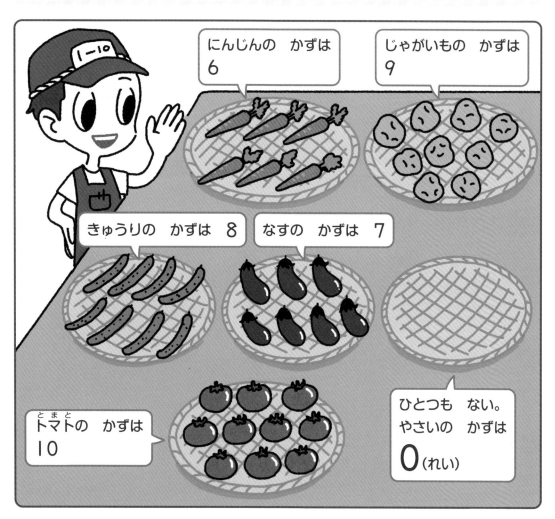

にんじんの　かずは
6

じゃがいもの　かずは
9

きゅうりの　かずは　8

なすの　かずは　7

トマトの　かずは
10

ひとつも　ない。
やさいの　かずは
0 (れい)

10までの　かずを　おぼえたね。では、おやすみなさい！

1 すうじを　かきましょう。

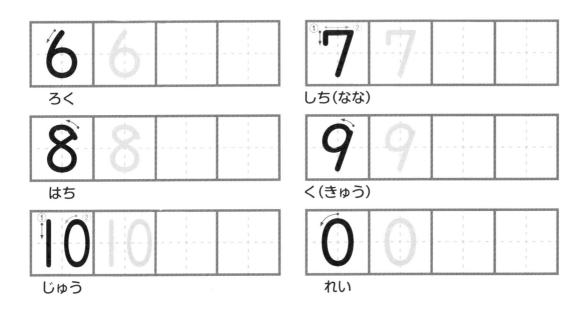

6　　ろく

7　　しち(なな)

8　　はち

9　　く(きゅう)

10　じゅう

0　　れい

2 さかなの　かずを　かぞえて、すうじで　かきましょう。

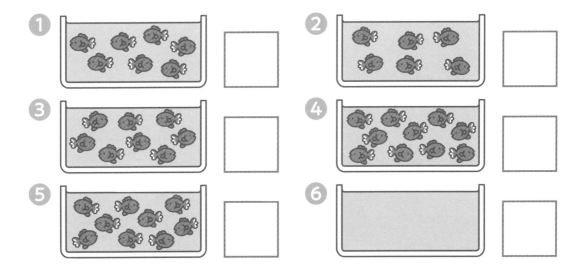

正しく　かぞえられて、きちんと　すうじで
かけたよね。

こたえ
▼
75ページ

3 5、6、7は いくつと いくつ

ながめて おぼえよう

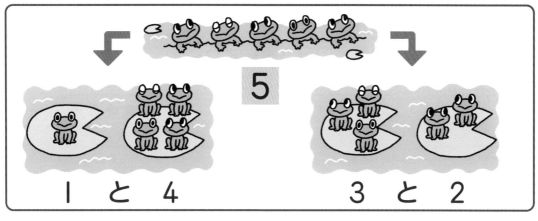

5

1 と 4 　　　　 3 と 2

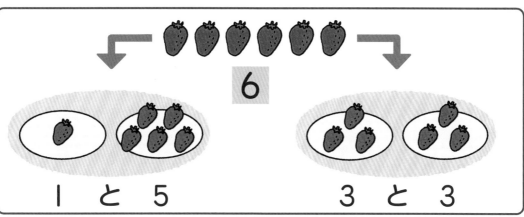

6

1 と 5 　　　　 3 と 3

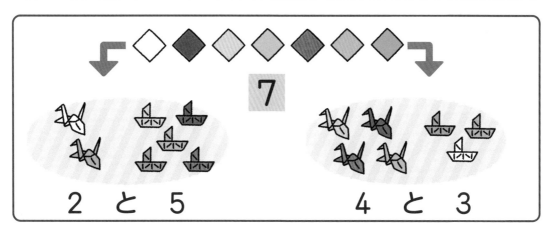

7

2 と 5 　　　　 4 と 3

かずの わけかたは、ほかにも いろいろ あるね。

3 あさの　テスト

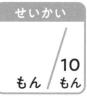

せいかい

/10

もん／もん

1 上と　下の　2まいの　カードで　7に　なるように、
　・と　・を　──で　つなぎましょう。

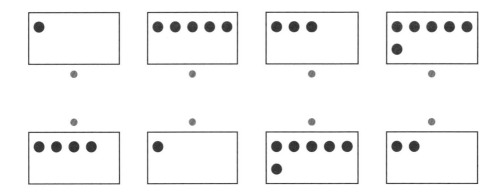

2 □に　あてはまる　かずを　かきましょう。

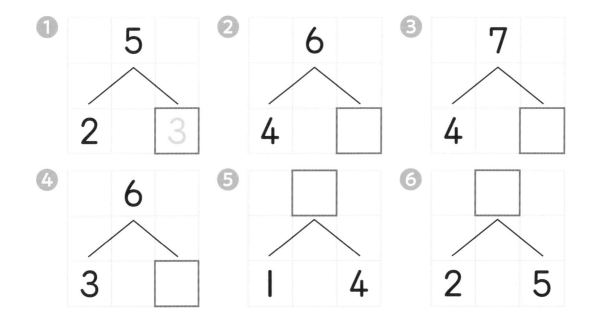

　よく　がんばったね。きょうも　げんきに
いってらっしゃい！

こたえ
▼
75ページ

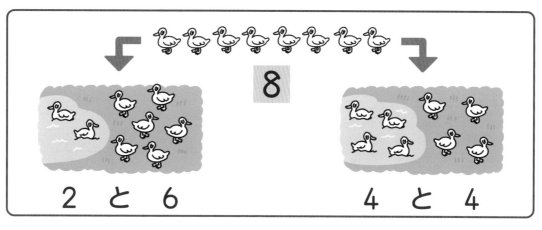

8

2 と 6   4 と 4

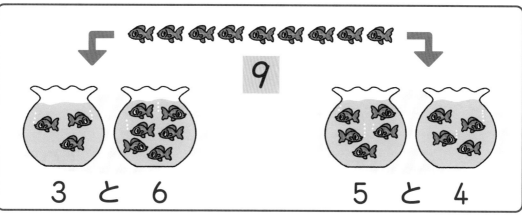

9

3 と 6   5 と 4

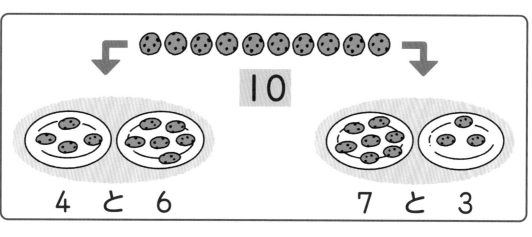

10

4 と 6   7 と 3

はい、きょうは ここまで。すてきな ゆめを 見てね！

あさの　テスト

せいかい
もん／もん　10

1 上と　下の　2まいの　カードで　10に　なるように、
・と　・を　――で　つなぎましょう。

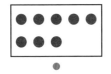  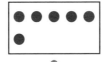 

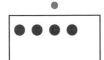  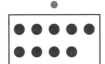 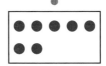

2 □に　あてはまる　かずを　かきましょう。

① 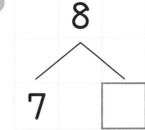 ② 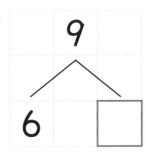 ③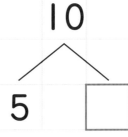

④ 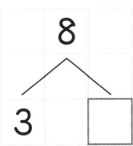 ⑤ 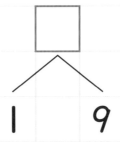 ⑥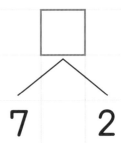

 よく　かんがえて　こたえたね。この　ちょうし！

こたえ▼75ページ

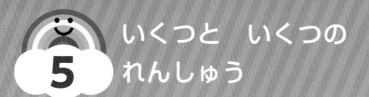

1 □に あてはまる かずを かきましょう。

①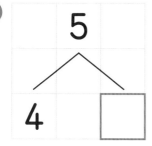

②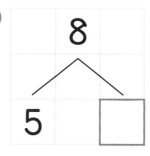

③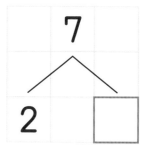

④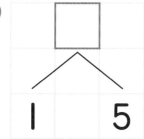

⑤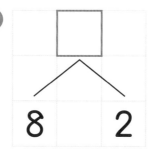

⑥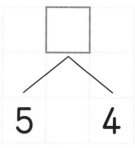

2 □に あてはまる かずを かきましょう。

① 5は 3と ☐

② 7は 1と ☐

③ 6は 3と ☐

④ 9は 7と ☐

⑤ 8は 2と ☐

⑥ 7は 4と ☐

⑦ 9は 1と ☐

⑧ 10は 4と ☐

11

3 上と 下の 2まいの カードで 8に なるように、
・と ・を ─で つなぎましょう。

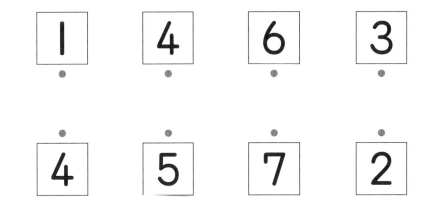

4 ひよこが 6わ います。かくれて いる ひよこの
かずを □に かきましょう。

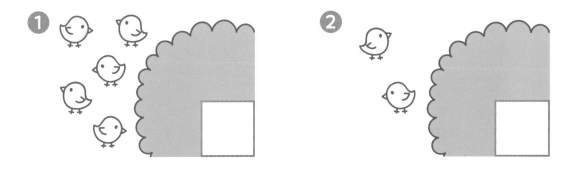

5 あわせて 10に なるように、□に かずを
かきましょう。

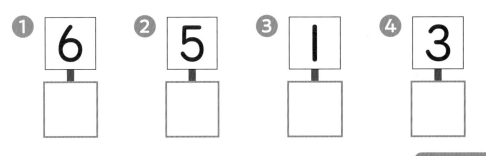

こたえ▶75ページ

あわせて　いくつ

あわせて
なんびき？

3 びき　　　**2** ひき

あわせて　**5** ひき

3と　2を　あわせると、5に　なります。

（しき） **3 ＋ 2 ＝ 5** < たしざん

3　たす　2　は　5

「3＋2」のような　けいさんを、「たしざん」と　いうよ。

あさの テスト

1 あわせて いくつですか。しきに かきましょう。

①

2ひき　　1ぴき

（しき）

□ ＋ □ ＝ □

②
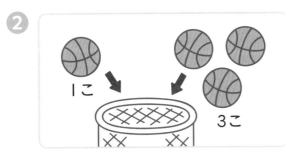

1こ　　　　3こ

（しき）

□ ＋ □ ＝ □

③
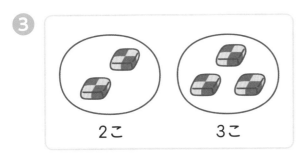

2こ　　　3こ

（しき）

□ ＋ □ ＝ □

④

4ひき　　　2ひき

（しき）

□ ＋ □ ＝ □

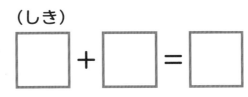

たしざんの しきが かけたね。すばらしい！

こたえ
▼
76ページ

ながめて
おぼえよう

1ぴき ふえると
みんなで なんびき？

4ひき います。

みんなで
5ひき

4に 1を たすと、5に なります。

(しき) 4＋1＝5 たしざん

「ふえると いくつ」も たしざんに なるんだね。

あさの　テスト

1 ふえると　いくつですか。しきに　かきましょう。

①

はじめ　１ぴき

２ひき　くると

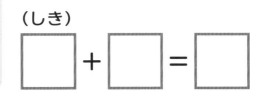

（しき）

□ ＋ □ ＝ □

②

はじめ　２こ

２こ　入れると

（しき）

□ ＋ □ ＝ □

③

はじめ　５こ

１こ　ふえると

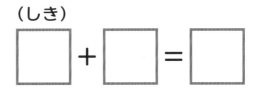

（しき）

□ ＋ □ ＝ □

④

はじめ　４つ

３つ　つくると

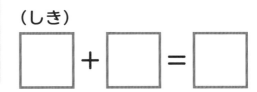

（しき）

□ ＋ □ ＝ □

たしざんの　しきが　きちんと　かけたね。えらい！

こたえ
▼
76ページ

たしざん①

$$3 + 1 = \boxed{4}$$

$$2 + 4 = \boxed{6}$$

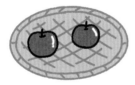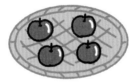

$$5 + 2 = \boxed{7}$$

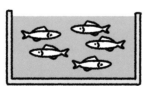

 たしざんは たのしいね。さあ、はを しっかり みがいて おやすみ！

あさの テスト

1 たしざんを しましょう。

① 1 + 2 = ☐　　② 1 + 5 = ☐

③ 2 + 3 = ☐　　④ 2 + 2 = ☐

⑤ 3 + 4 = ☐　　⑥ 4 + 2 = ☐

⑦ 5 + 3 = ☐　　⑧ 4 + 5 = ☐

2 おなじ こたえの カードを ——で つなぎましょう。

| 5+1 | 1+4 | 3+5 | 4+3 |

| 4+4 | 3+3 | 2+5 | 3+2 |

あさから がんばったね。気を つけて
いってらっしゃい!

こたえ ▼ 76ページ

$$6 + 2 = \boxed{8}$$

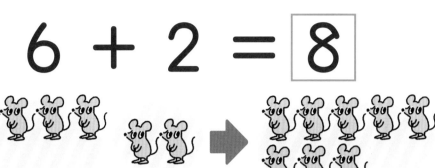

$$1 + 8 = \boxed{9}$$

$$7 + 3 = \boxed{10}$$

たしざんは、「いくつと　いくつ」の　べんきょうが　やくに
立つね。

あさの　テスト

1 たしざんを　しましょう。

① 8 ＋ 1 ＝ ☐

② 2 ＋ 7 ＝ ☐

③ 1 ＋ 6 ＝ ☐

④ 7 ＋ 1 ＝ ☐

⑤ 7 ＋ 2 ＝ ☐

⑥ 3 ＋ 6 ＝ ☐

⑦ 6 ＋ 4 ＝ ☐

⑧ 2 ＋ 8 ＝ ☐

2 こたえが　10に　なる　カードを　3つ　見つけて、
　〇で　かこみましょう。

⑧ 9＋1

⑩ 6＋3

⑰ 5＋5

⑤ 1＋7

⑯ 3＋7

⑰ 2＋6

しきを　見たら　すぐに　こたえられるように、
たくさん　れんしゅうしようね。

こたえ
▼
76ページ

0の たしざん

玉入れを しました。
あわせて なんこ 入ったかな？

はるなさん　　1かいめ　　2かいめ

3 ＋ 1 ＝ 4

ひろとさん　　1かいめ　　2かいめ

2 ＋ 0 ＝ 2

ゆいさん　　1かいめ　　2かいめ

0 ＋ 3 ＝ 3

 0の ときも、たしざんの しきに かく ことが できるんだね。

あさの　テスト

1 あわせた　かずを　かんがえて、たしざんを　しましょう。

❶ 3 ＋ 0 ＝ ☐　　❷ 0 ＋ 2 ＝ ☐

2 たしざんを　しましょう。

❶ 1 ＋ 0 ＝ ☐　　❷ 0 ＋ 6 ＝ ☐

❸ 0 ＋ 4 ＝ ☐　　❹ 5 ＋ 0 ＝ ☐

❺ 8 ＋ 0 ＝ ☐　　❻ 0 ＋ 7 ＝ ☐

❼ 0 ＋ 5 ＝ ☐　　❽ 9 ＋ 0 ＝ ☐

❾ 10 ＋ 0 ＝ ☐　　❿ 0 ＋ 0 ＝ ☐

0の　たしざんは　ばっちりだね。この　ちょうし！

こたえ
▼
76ページ

5わ　います。

2わ
とんで　いくと、
のこりは　なんわ？

のこりは　3わ

5から　2を　とると、3に　なります。

（しき） 5－2＝3 ひきざん
　　　　　　5　ひく　2　は　3

「5－2」のような　けいさんを、「ひきざん」と　いうよ。

あさの　テスト

1 のこりは　いくつですか。しきに　かきましょう。

① はじめ　3こ　　1こ　たべると

（しき）

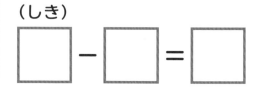

□ − □ = □

② はじめ　4まい　　3まい　つかうと

（しき）

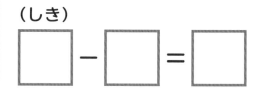

□ − □ = □

③ はじめ　5人　　3人　かえると

（しき）

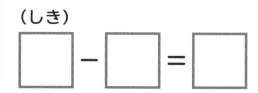

□ − □ = □

④ はじめ　6こ　　2こ　あげると

（しき）

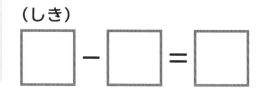

□ − □ = □

ひきざんの　しきが　かけたね。では、わすれものに
気を　つけて　いってらっしゃい！

こたえ
▼
76ページ

24

ながめて
おぼえよう

ねこ　犬（いぬ）

ねこの　ほうが
なんびき
おおい？

6ぴき　　4ひき

6ぴき

4ひき

おおい

かずの
ちがい

ねこの　ほうが　2ひき　おおい。

6は　4より　2　おおい。

(しき) 6－4＝2　ひきざん

かずの　ちがいを　見（み）つける　ときも、ひきざんに　なるんだね。

1 ねずみの　ほうが　なんびき　おおいですか。
しきに　かきましょう。

ねずみ
5ひき

ねこ
4ひき

（しき）

☐ － ☐ ＝ ☐

2 かずの　ちがいは　いくつですか。しきに　かきましょう。

1

4ひき

2ひき　　　　かずの　ちがい

（しき）

☐ － ☐ ＝ ☐

2

5本

1本

（しき）

☐ － ☐ ＝ ☐

3

7本

3本

（しき）

☐ － ☐ ＝ ☐

 「かずの　ちがい」は、「いくつ　おおい」と
おなじ　ことだね。

こたえ
▼
76ページ

$$3 - 2 = \boxed{1}$$

$$6 - 3 = \boxed{3}$$

 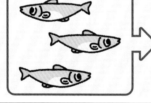 

$$7 - 5 = \boxed{2}$$

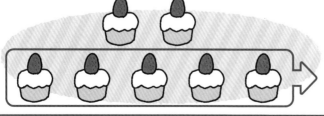

 おはじきや　ブロックを　つかって　かんがえると　いいよ。

あさの　テスト

1 ひきざんを　しましょう。

① 4 − 1 = 　　　　　② 8 − 3 =

③ 5 − 4 = 　　　　　④ 4 − 2 =

⑤ 6 − 5 = 　　　　　⑥ 8 − 5 =

⑦ 7 − 3 = 　　　　　⑧ 9 − 4 =

2 おなじ　こたえの　カードを　——で　つなぎましょう。

| 3−1 | 6−2 | 7−4 | 7−2 |

| 5−2 | 6−1 | 6−4 | 9−5 |

 あたまの　中で　かずを　かんがえて　ひきざんが　できるように　なろう。

こたえ
▼
76ページ

28

ながめて
おぼえよう

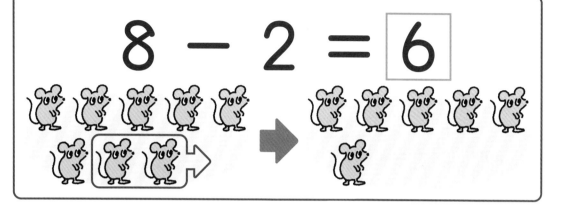

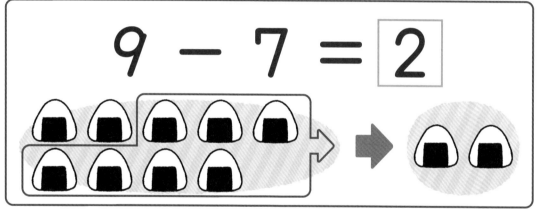

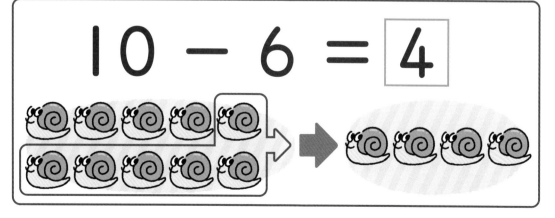

はい、きょうは　ここまで。ゆっくり　あたまを　休めてね！

あさの　テスト

1 ひきざんを　しましょう。

① $9 - 1 =$ ☐

② $10 - 8 =$ ☐

③ $10 - 1 =$ ☐

④ $7 - 6 =$ ☐

⑤ $9 - 2 =$ ☐

⑥ $8 - 6 =$ ☐

⑦ $10 - 7 =$ ☐

⑧ $10 - 2 =$ ☐

2 こたえが　6に　なる　カードを　3つ　見つけて、
　　○で　かこみましょう。

ⓐ $10 - 5$

ⓘ $7 - 1$

ⓤ $10 - 3$

ⓔ $9 - 3$

ⓞ $8 - 1$

ⓚ $10 - 4$

 よく　がんばったね。気を　つけて　いってらっしゃい！

こたえ
▼
77ページ

0の　ひきざん

ピンを　6本　立てて
ボウリングを　しました。

のこりは　なん本？

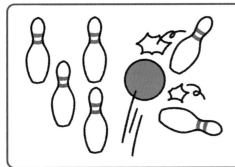

$$6 - 2 = \boxed{4}$$

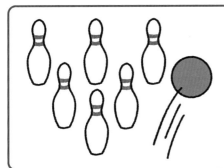

$$6 - 0 = \boxed{6}$$

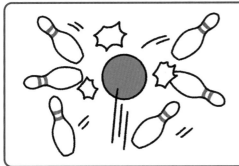

$$6 - 6 = \boxed{0}$$

ピンが　ぜんぶ　たおれた　ときの　のこりは　0本だね。

あさの　テスト

1 のこりの　かずを　かんがえて、ひきざんを　しましょう。

① 2 − 0 = ☐　　② 3 − 3 = ☐

2 ひきざんを　しましょう。

① 1 − 0 = ☐　　② 2 − 2 = ☐

③ 5 − 0 = ☐　　④ 4 − 4 = ☐

⑤ 7 − 7 = ☐　　⑥ 8 − 0 = ☐

⑦ 4 − 0 = ☐　　⑧ 9 − 9 = ☐

⑨ 10 − 0 = ☐　　⑩ 0 − 0 = ☐

 0の　ひきざんの　おはなしを　かんがえながら
けいさんすると　いいよ。

こたえ
▼
77ページ

1 たしざんを しましょう。

❶ $3 + 1 = 4$

⤴ =も かきましょう。

❷ $1 + 1$

❸ $5 + 4$

❹ $3 + 3$

❺ $3 + 4$

❻ $7 + 0$

❼ $8 + 2$

❽ $6 + 3$

❾ $3 + 7$

❿ $0 + 8$

2 ひきざんを しましょう。

❶ $2 - 1$

❷ $5 - 3$

❸ $7 - 2$

❹ $6 - 4$

❺ $3 - 0$

❻ $10 - 8$

❼ $8 - 7$

❽ $9 - 6$

❾ $10 - 4$

❿ $8 - 8$

3 ❶は、まん中の　4に　まわりの　かずを　たしましょう。
　　　❷は、まん中の　10から　まわりの　かずを　ひきましょう。

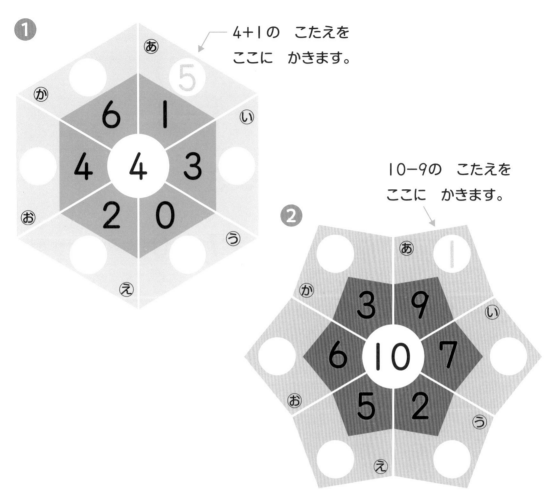

❶　　　　　　　　　　4+1の　こたえを
　　　　　　　　　　ここに　かきます。

10−9の　こたえを
ここに　かきます。

❷

4 おなじ　こたえの　カードを　―――で　つなぎましょう。

| 1+3 | 6+1 | 3+2 | 2+4 |

| 9−2 | 8−4 | 7−1 | 9−4 |

こたえ▶77ページ

ながめて
おぼえよう

10と　2で
12
じゅうに

10と　6で
16
じゅうろく

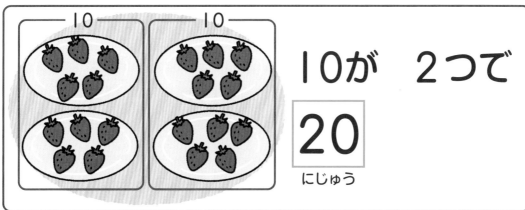

10が　2つで
20
にじゅう

「10と　いくつで　10いくつ」と　かぞえるんだね。

あさの　テスト

1 かずを　かぞえて、□に　すうじで　かきましょう。

① 10

②

③

④

2 □に　あてはまる　かずを　かきましょう。

① 10と　4で □

② 10と　7で □

③ 12は　10と □

④ 18は　10と □

⑤ 16は □ と　6

⑥ 19は □ と　9

 20までの　かずの　しくみが　わかったね。
すごいよ！

こたえ
▼
77ページ

10+3の けいさん

 と

10と 3で
13

$$10 + 3 = \boxed{13}$$

13-3の けいさん

 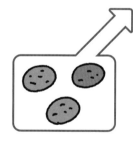

13は 10と 3
3を とると
のこりは 10

$$13 - 3 = \boxed{10}$$

 けいさんの しかたが わかったら、ゆっくり おやすみ!

18

あさの　テスト

1 たしざんを　しましょう。

① 10 + 1 = ☐　　② 10 + 4 = ☐

③ 10 + 2 = ☐　　④ 10 + 6 = ☐

⑤ 10 + 5 = ☐　　⑥ 10 + 9 = ☐

⑦ 10 + 7 = ☐　　⑧ 10 + 8 = ☐

2 ひきざんを　しましょう。

① 12 − 2 = ☐　　② 15 − 5 = ☐

③ 11 − 1 = ☐　　④ 14 − 4 = ☐

⑤ 16 − 6 = ☐　　⑥ 18 − 8 = ☐

⑦ 19 − 9 = ☐　　⑧ 17 − 7 = ☐

 この　ちょうし！　車に　気を　つけて
いってらっしゃい！

こたえ
▼
77ページ

38

20までの かずの けいさん②

13＋2の けいさん

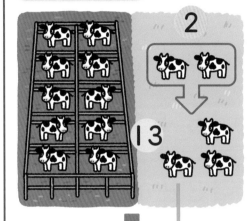

2

13

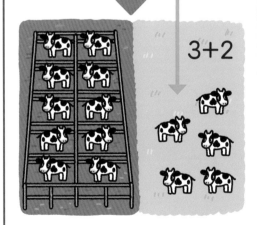

3＋2

10と 5で 15

13 ＋ 2 ＝ 15

16－4の けいさん

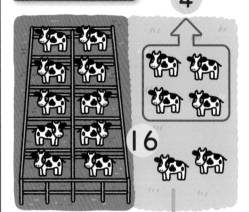

4

16

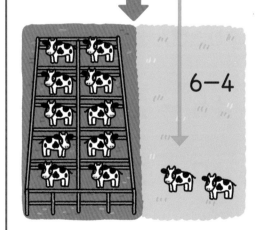

6－4

10と 2で 12

16 － 4 ＝ 12

10と あと いくつに なるかを けいさんすれば いいんだね。

1 たしざんを　しましょう。

① 11 + 3 = ⬜　② 14 + 1 = ⬜

③ 12 + 4 = ⬜　④ 15 + 2 = ⬜

⑤ 11 + 5 = ⬜　⑥ 16 + 2 = ⬜

⑦ 14 + 3 = ⬜　⑧ 13 + 6 = ⬜

2 ひきざんを　しましょう。

① 15 − 2 = ⬜　② 14 − 3 = ⬜

③ 17 − 2 = ⬜　④ 18 − 4 = ⬜

⑤ 16 − 3 = ⬜　⑥ 19 − 3 = ⬜

⑦ 17 − 6 = ⬜　⑧ 18 − 2 = ⬜

たくさん　けいさんが　できたね。あさごはんは
しっかり　たべたかな？

こたえ
▼
77ページ

1 けいさんを　しましょう。

① 10＋5　　② 10＋2

③ 10＋1　　④ 10＋8

⑤ 10＋7　　⑥ 14－4

⑦ 13－3　　⑧ 16－6

⑨ 15－5　　⑩ 19－9

2 けいさんを　しましょう。

① 13＋1　　② 11＋6

③ 15＋4　　④ 14＋2

⑤ 12＋6　　⑥ 15－3

⑦ 19－8　　⑧ 16－4

⑨ 17－3　　⑩ 19－6

3 ❶は、まん中の 12に まわりの かずを たしましょう。
　　❷は、まん中の 18から まわりの かずを ひきましょう。

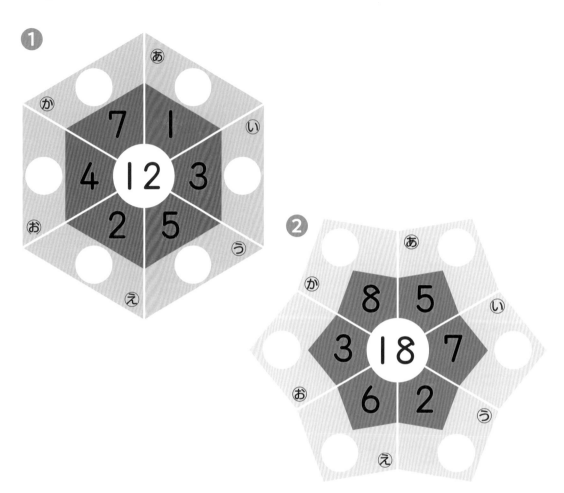

❶

あ
い
う
え
お
か

7　1
4　12　3
2　5

❷

あ
い
う
え
お
か

8　5
3　18　7
6　2

4 おなじ こたえの カードを ——で つなぎましょう。

| 10+4 | 15+1 | 13+2 | 14+3 |

| 17−1 | 19−2 | 18−4 | 19−4 |

こたえ▶78ページ

1 かくれて いる さかなの かずを □に かきましょう。

① 8ひき 入って います。

② 10ぴき 入って います。

2 たしざんを しましょう。

① 1 + 2

② 5 + 2

③ 4 + 1

④ 2 + 2

⑤ 3 + 4

⑥ 3 + 3

⑦ 2 + 6

⑧ 8 + 2

⑨ 7 + 2

⑩ 4 + 6

⑪ 6 + 3

⑫ 0 + 0

⑬ 7 + 3

⑭ 6 + 0

3 ひきざんを しましょう。

① 3 − 1　　　② 5 − 2

③ 6 − 5　　　④ 7 − 1

⑤ 9 − 4　　　⑥ 6 − 2

⑦ 7 − 4　　　⑧ 9 − 7

⑨ 10 − 5　　　⑩ 5 − 5

⑪ 10 − 2　　　⑫ 9 − 0

⑬ 10 − 7　　　⑭ 8 − 2

4 けいさんを しましょう。

① 10 ＋ 4　　　② 10 ＋ 6

③ 15 ＋ 3　　　④ 13 ＋ 6

⑤ 12 − 2　　　⑥ 18 − 8

⑦ 17 − 5　　　⑧ 19 − 3

こたえ ▶78ページ

3つの　かずの　たしざん

ながめて
おぼえよう

みんなで　なんびきに　なるかな？

はじめ　　　　　**2** ひき　くると
3 びき

$3+2$

5ひき　　　　　　**1** ぴき　くると

$3+2+1$
→ 5

$3+2+1=\boxed{6}$
→ 5

まえから　じゅんに
けいさんします。

みんなで　**6** ぴき

3つの　かずの　たしざんの　しかたが　わかったね。
では、ゆっくり　おやすみ！

22 あさの　テスト

1 たしざんを　しましょう。

① $2+1+3=$ ☐　② $2+3+2=$ ☐

③ $4+4+1=$ ☐　④ $5+1+2=$ ☐

⑤ $4+2+3=$ ☐　⑥ $1+4+5=$ ☐

⑦ $3+3+4=$ ☐　⑧ $3+5+2=$ ☐

2 たしざんを　しましょう。

① $5+5+3=$ ☐

10

10+3

② $9+1+5=$ ☐

③ $7+3+2=$ ☐　④ $4+6+8=$ ☐

はい、よく　がんばったね。この　ちょうしで
学校でも　がんばろう！

こたえ
▼
78ページ

3つの かずの ひきざん

のこりは なんこに なるかな?

はじめ
6こ

2こ
たべると

$6-2$

1こ
たべると

$6-2-1$
↓
4

のこりは 3こ

$6-2-1=\boxed{3}$
↓
4

まえから じゅんに
けいさんします。

おつかれさま。いちごを たべる ゆめでも 見てね!

1 ひきざんを　しましょう。

① 5－1－2＝ □　　② 7－3－1＝ □

③ 6－3－1＝ □　　④ 8－2－2＝ □

⑤ 9－4－2＝ □　　⑥ 10－5－3＝ □

⑦ 10－1－3＝ □　　⑧ 10－3－4＝ □

2 ひきざんを　しましょう。

① 12－2－4＝ □　　② 15－5－9＝ □

10
10－4

③ 19－9－7＝ □　　④ 17－7－2＝ □

 なんかいも　ひきざんを　したね。えらいよ！

こたえ
▼
78ページ

24 3つの かずの たしざん、ひきざん

ながめて おぼえよう

なんびきに なるかな？

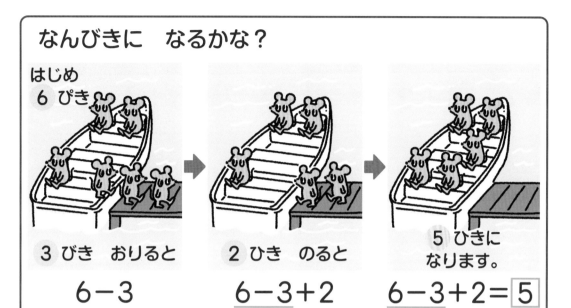

はじめ 6 ぴき

3 びき おりると
$$6-3$$

2 ひき のると
$$\underset{3}{6-3}+2$$

5 ひきに なります。
$$\underset{3}{6-3}+2=\boxed{5}$$

なんびきに なるかな？

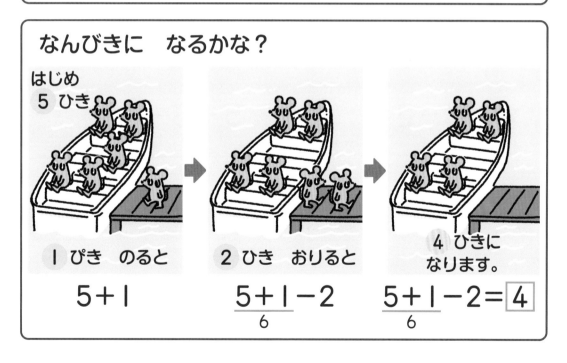

はじめ 5 ひき

1 ぴき のると
$$5+1$$

2 ひき おりると
$$\underset{6}{5+1}-2$$

4 ひきに なります。
$$\underset{6}{5+1}-2=\boxed{4}$$

ふえたり へったりの ときも、まえから じゅんに けいさんするんだね。

1 けいさんを しましょう。

① $4-3+2=\boxed{}$　② $7-5+4=\boxed{}$

③ $9-2+1=\boxed{}$　④ $8-6+5=\boxed{}$

⑤ $10-9+5=\boxed{}$　⑥ $10-6+3=\boxed{}$

2 けいさんを しましょう。

① $4+1-2=\boxed{}$　② $5+3-4=\boxed{}$

③ $3+4-2=\boxed{}$　④ $7+2-5=\boxed{}$

⑤ $5+5-3=\boxed{}$　⑥ $4+6-8=\boxed{}$

よく がんばったね。きょうは きっと よい 1日に なるよ。

こたえ
▼
78ページ

1 たしざんを しましょう。

❶ 3+1+5

❷ 2+2+3

❸ 1+4+3

❹ 3+2+4

❺ 5+5+7

❻ 6+1+3

❼ 4+2+4

❽ 2+8+6

2 ひきざんを しましょう。

❶ 8-5-1

❷ 9-3-2

❸ 7-3-2

❹ 10-5-4

❺ 9-2-4

❻ 18-8-6

❼ 10-1-7

❽ 13-3-2

3 けいさんを しましょう。

① 5−3＋4

② 8−4＋1

③ 7−5＋6

④ 10−9＋6

⑤ 6−4＋7

⑥ 10−7＋3

⑦ 5＋1−3

⑧ 1＋7−6

⑨ 9＋1−5

⑩ 6＋2−7

⑪ 6＋3−4

⑫ 3＋7−8

4 おなじ こたえの カードを ──で つなぎましょう。

| 9−1−2 | 1＋3＋4 | 8−3＋2 |

| 10−7＋5 | 16−6−3 | 1＋9−4 |

こたえ ▶78ページ

26 くり上がりの ある たしざん①

ながめて おぼえよう

9＋3の けいさん

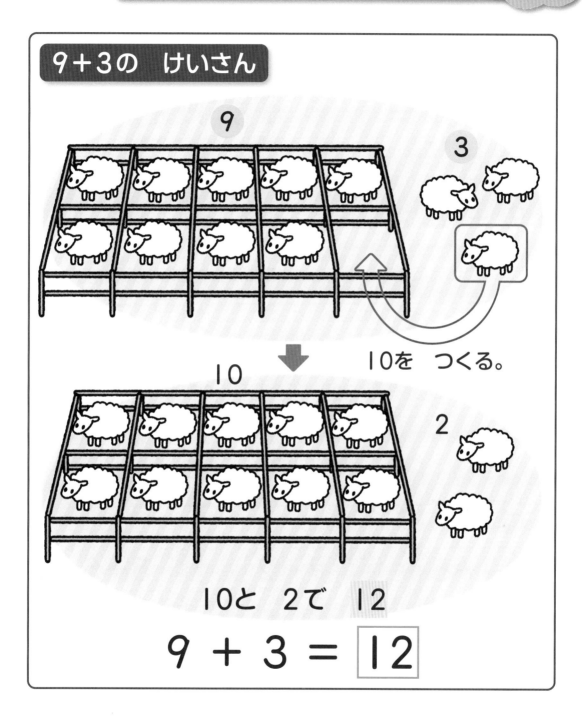

9

3

10を つくる。

10

2

10と 2で 12

$$9 + 3 = \boxed{12}$$

 10の まとまりを つくると けいさんしやすいね。では、おやすみ！

1 たしざんを　しましょう。

① 9 ＋ 4 ＝ ☐　　② 8 ＋ 3 ＝ ☐

③ 9 ＋ 6 ＝ ☐　　④ 8 ＋ 4 ＝ ☐

⑤ 9 ＋ 5 ＝ ☐　　⑥ 7 ＋ 6 ＝ ☐

⑦ 8 ＋ 6 ＝ ☐　　⑧ 6 ＋ 5 ＝ ☐

2 こたえが　11に　なる　カードを　2つ　見つけて、
　　◯で　かこみましょう。

あ 7＋5　　い 9＋2　　う 8＋5

え 6＋6　　お 9＋3　　か 7＋4

よく　がんばったね。えらい！　では、げんきに
いってらっしゃい。

こたえ
▼
79ページ

くり上がりの　ある　たしざん②

ながめて
おぼえよう

3＋9の　けいさん

❶ 3を　10に　する。

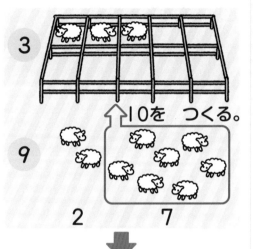

3

10を　つくる。

9

2　　　　7

10

2

10と　2で　12

❷ 9を　10に　する。

3　　🐑　🐑　2

🐑　1

10を　つくる。

9

2　🐑　🐑

10

10と　2で　12

$$3 + 9 = \boxed{12}$$

❶、❷のように、どちらで　10を　つくって　けいさんしても　いいよ。

あさの　テスト

1 たしざんを　しましょう。

① 3 ＋ 8 ＝ ☐

② 5 ＋ 7 ＝ ☐

③ 2 ＋ 9 ＝ ☐

④ 4 ＋ 8 ＝ ☐

⑤ 6 ＋ 7 ＝ ☐

⑥ 5 ＋ 9 ＝ ☐

⑦ 7 ＋ 8 ＝ ☐

⑧ 8 ＋ 9 ＝ ☐

2 こたえが　13に　なる　カードを　2つ　見つけて、
　　○で　かこみましょう。

あ 3＋8

い 5＋8

う 3＋9

え 6＋8

お 4＋9

か 5＋6

 たしざんの　しかたが　わかったね。きょうも
がんばって！

こたえ
▼
79ページ

28 くり下がりの　ある　ひきざん①

ながめて
おぼえよう

12−9の　けいさん

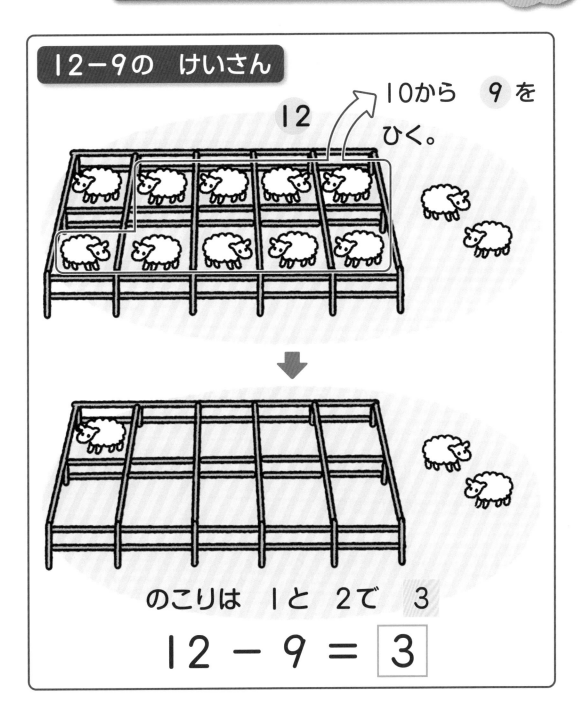

12

10から　9を
ひく。

のこりは　1と　2で　3

$$12 - 9 = \boxed{3}$$

 2から　9は　ひけないから、10から　9を　ひくんだね。

あさの　テスト

1 ひきざんを　しましょう。

① 13 − 9 = ☐

② 11 − 8 = ☐

③ 12 − 7 = ☐

④ 11 − 9 = ☐

⑤ 14 − 7 = ☐

⑥ 13 − 7 = ☐

⑦ 11 − 6 = ☐

⑧ 15 − 8 = ☐

2 こたえが　5に　なる　カードを　2つ　見つけて、
　　◯で　かこみましょう。

あ 14−9　　い 12−6　　う 11−7

え 13−6　　お 15−9　　か 13−8

10いくつの　10から　ひいて　けいさんするんだね。

こたえ
▼
79ページ

12ー3の　けいさん

① 12の　中の　10から
3を　ひく。

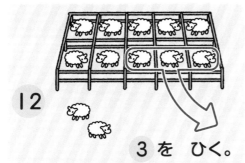

12

3を　ひく。

↓

7

2

のこりは
7と　2で　9

② 3を　2と　1に
わけて　ひく。

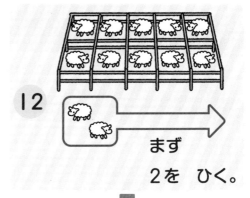

12

まず
2を　ひく。

↓

10

つぎに
1を　ひく。

のこりは　9

$$12 - 3 = \boxed{9}$$

 1、2の　どちらで　けいさんしても　いいよ。
けいさんしやすいほうで　けいさんしてね。

29

あさの　テスト

せいかい

もん　/10 もん

1 ひきざんを　しましょう。

① 13 − 4 = ☐

② 11 − 3 = ☐

③ 15 − 6 = ☐

④ 12 − 4 = ☐

⑤ 11 − 4 = ☐

⑥ 17 − 8 = ☐

⑦ 14 − 6 = ☐

⑧ 11 − 5 = ☐

2 こたえが　8に　なる　カードを　2つ　見つけて、
〇で　かこみましょう。

あ　14−5

い　11−2

う　15−7

え　16−7

お　13−5

か　12−5

ひきざんの　しかたが　わかったね。はい、
いってらっしゃい！

こたえ
▼
79ページ

1 たしざんを しましょう。

① $9 + 4$　　　② $3 + 8$

③ $6 + 9$　　　④ $9 + 8$

⑤ $7 + 7$　　　⑥ $5 + 7$

⑦ $9 + 7$　　　⑧ $6 + 8$

⑨ $9 + 9$　　　⑩ $7 + 9$

2 ひきざんを しましょう。

① $12 - 8$　　　② $16 - 7$

③ $11 - 8$　　　④ $16 - 9$

⑤ $18 - 9$　　　⑥ $14 - 8$

⑦ $16 - 8$　　　⑧ $17 - 9$

⑨ $17 - 8$　　　⑩ $13 - 6$

3 **1**は、まん中の　8に　まわりの　かずを　たしましょう。

2は、まん中の　11から　まわりの　かずを　ひきましょう。

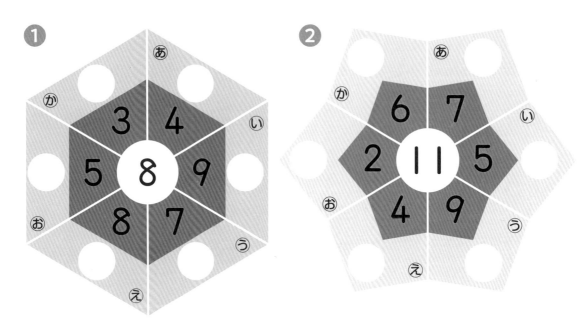

4 けいさんを　して、こたえが　つぎの　けいさんの
はじめの　かずに　なるように、みちを　すすみましょう。

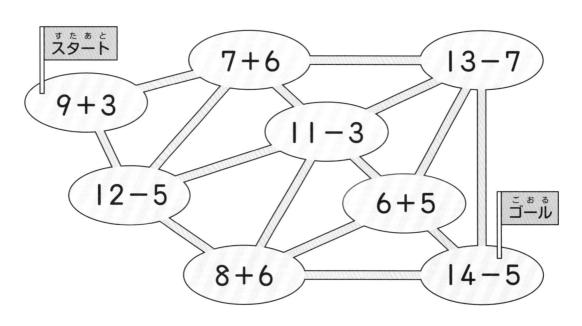

こたえ ▶79ページ

さいふには　いくら
入って　いるかな？

10が　5こ　　　1が　3こ

50　　　　　　　　3
ごじゅう　　　　　　さん

ぜんぶで　53
ごじゅうさん

10が　10こ

10が　10こで　100　
ひゃく

「10、20、30、40、50、60、70、80、90、100」
100まで　かぞえたら、おやすみなさい。

1 ぼうの　かずを　□に　すうじで　かきましょう。

①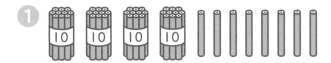

☐

②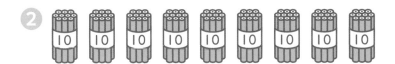

☐

2 □に　あてはまる　かずを　かきましょう。

① 10が　3こで　☐

② 60は、10が　☐　こ

③ 20と　8で　☐

④ 74は、☐　と　4

⑤ 10が　4こと　1が　6こで　☐

⑥ 89は、10が　☐　こと　1が　9こ

⑦ 100は、10が　☐　こ

100までの　かずが　わかったね。この　ちょうしで
がんばって！

こたえ
▼
79ページ

100までの かずの けいさん①

ながめて おぼえよう

34＋2の けいさん

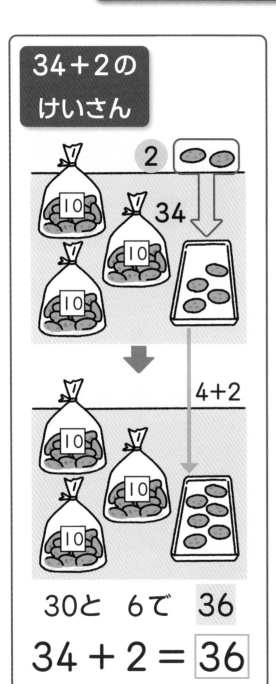

30と 6で 36

34 ＋ 2 ＝ 36

36－4の けいさん

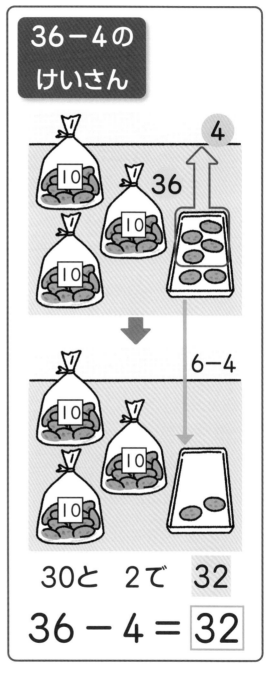

30と 2で 32

36 － 4 ＝ 32

なん十と あと いくつに なるかを けいさんすれば いいんだね。

1 たしざんを　しましょう。

① 20 + 3 =

② 40 + 5 =

③ 70 + 6 =

④ 90 + 2 =

⑤ 35 + 2 =

⑥ 51 + 8 =

⑦ 83 + 4 =

⑧ 62 + 7 =

2 ひきざんを　しましょう。

① 34 − 4 =

② 52 − 2 =

③ 61 − 1 =

④ 87 − 7 =

⑤ 25 − 4 =

⑥ 74 − 2 =

⑦ 49 − 3 =

⑧ 98 − 6 =

よく　かんがえて　けいさんできたね。すごい！

こたえ
▼
80ページ

ながめて おぼえよう

30＋20の けいさん

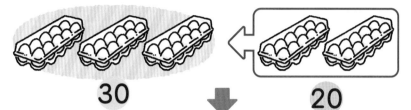

30 20

10の まとまりが 3＋2

10の まとまりが 5こで 50

$$30 + 20 = \boxed{50}$$

50－20の けいさん

20

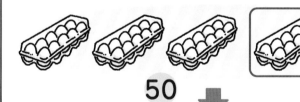

50

10の まとまりが 5－2

10の まとまりが 3こで 30

$$50 - 20 = \boxed{30}$$

10の まとまりが なんこに なるか けいさんすれば いいね。

あさの　テスト

1 たしざんを　しましょう。

① 40＋10＝□　② 20＋40＝□

③ 70＋10＝□　④ 50＋40＝□

⑤ 40＋30＝□　⑥ 60＋20＝□

⑦ 50＋50＝□　⑧ 80＋20＝□

2 ひきざんを　しましょう。

① 50－30＝□　② 80－10＝□

③ 70－50＝□　④ 60－30＝□

⑤ 80－30＝□　⑥ 90－20＝□

⑦ 100－90＝□　⑧ 100－60＝□

「10が　10こで　100」は　しっかり　おぼえて
おこうね。

こたえ
▼
80ページ

1 たしざんを　しましょう。

① 20 ＋ 4

② 60 ＋ 1

③ 40 ＋ 9

④ 80 ＋ 7

⑤ 31 ＋ 5

⑥ 55 ＋ 3

⑦ 72 ＋ 3

⑧ 83 ＋ 3

⑨ 67 ＋ 2

⑩ 92 ＋ 6

2 ひきざんを　しましょう。

① 23 − 3

② 45 − 5

③ 79 − 9

④ 98 − 8

⑤ 37 − 6

⑥ 69 − 1

⑦ 56 − 2

⑧ 97 − 4

⑨ 78 − 4

⑩ 89 − 6

3 けいさんを しましょう。

① 20＋20　　　② 10＋40

③ 30＋40　　　④ 50＋30

⑤ 70＋20　　　⑥ 90＋10

⑦ 40＋40　　　⑧ 30＋70

⑨ 40－10　　　⑩ 90－50

⑪ 80－70　　　⑫ 60－40

⑬ 80－20　　　⑭ 100－50

⑮ 90－70　　　⑯ 100－20

4 おなじ こたえの カードを ──で つなぎましょう。

| 61＋6 | 40＋20 | 60＋6 | 20＋50 |

| 69－3 | 68－1 | 100－30 | 67－7 |

こたえ▶80ページ

1 けいさんを しましょう。

❶ 2 ＋ 4 ＋ 3

❷ 6 ＋ 1 ＋ 3

❸ 6 ＋ 4 ＋ 5

❹ 9 － 3 － 5

❺ 10 － 2 － 4

❻ 11 － 1 － 8

❼ 5 － 3 ＋ 6

❽ 10 － 5 ＋ 4

❾ 4 ＋ 3 － 5

❿ 8 ＋ 2 － 3

2 たしざんを しましょう。

❶ 9 ＋ 2

❷ 8 ＋ 5

❸ 4 ＋ 8

❹ 6 ＋ 9

❺ 7 ＋ 7

❻ 6 ＋ 5

❼ 8 ＋ 8

❽ 3 ＋ 9

❾ 6 ＋ 7

❿ 9 ＋ 8

3 ひきざんを　しましょう。

① 13 − 9　　　　② 11 − 6

③ 12 − 5　　　　④ 13 − 4

⑤ 11 − 8　　　　⑥ 15 − 7

⑦ 14 − 8　　　　⑧ 18 − 9

⑨ 13 − 6　　　　⑩ 12 − 4

4 けいさんを　しましょう。

① 30 + 5　　　　② 50 + 8

③ 26 − 6　　　　④ 77 − 7

⑤ 45 + 2　　　　⑥ 63 + 6

⑦ 58 − 6　　　　⑧ 87 − 3

⑨ 60 + 20　　　　⑩ 40 + 60

⑪ 70 − 20　　　　⑫ 100 − 70

こたえ ▶80ページ

1 けいさんを しましょう。

① 2＋5

② 0＋0

③ 9－5

④ 8－0

⑤ 10＋2

⑥ 17－6

⑦ 3＋4＋3

⑧ 18－8－1

⑨ 10－8＋4

⑩ 1＋9－5

⑪ 9＋4

⑫ 2＋9

⑬ 8＋7

⑭ 12－8

⑮ 14－5

⑯ 11－5

⑰ 32＋3

⑱ 84－4

⑲ 30＋70

⑳ 90－60

2 けいさんを しましょう。

① $10 - 6$

② $4 + 2$

③ $13 + 2$

④ $7 + 9$

⑤ $6 + 0$

⑥ $19 - 2$

⑦ $16 - 7$

⑧ $3 - 3$

⑨ $8 + 3$

⑩ $13 - 8$

⑪ $11 - 3$

⑫ $6 + 6$

⑬ $9 + 1 + 7$

⑭ $44 - 4$

⑮ $6 + 4 - 7$

⑯ $80 + 6$

⑰ $57 + 2$

⑱ $15 - 5 - 2$

⑲ $50 + 30$

⑳ $100 - 10$

㉑ $9 - 3 + 2$

㉒ $40 + 60$

こたえ ▶80ページ

こたえとアドバイス

 1 5までの　かず　　　4ページ

1 省略

2 ❶2　❷1　❸4　❹3
　　❺5

☆アドバイス　**1**　数字は、筆順や形に注意して、ていねいに書くように指導してください。

2 10までの　かず　　　6ページ

1 省略

2 ❶7　❷6　❸8　❹10
　　❺9　❻0

☆アドバイス　**2**　❻は、魚が1匹もいないので「0」です。0の意味をよく理解させましょう。

3 5、6、7は　いくつと　いくつ　　　8ページ

1

2 ❶3　❷2　❸3
　　❹3　❺5　❻7

☆アドバイス　**2**　❶～❹は数の分解、❺、❻は数の合成の問題です。それぞれの問題を言葉で表すと、次のようになります。

❶「5は2といくつ」
❺「1と4でいくつ」

4 8、9、10は　いくつと　いくつ　　　10ページ

1

2 ❶1　❷3　❸5
　　❹5　❺10　❻9

5 いくつと　いくつの　れんしゅう　　　11ページ

1 ❶1　❷3　❸5
　　❹6　❺10　❻9

2 ❶2　❷6　❸3　❹2
　　❺6　❻3　❼8　❽6

3
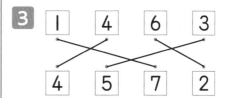

4 ❶1　❷4

5 ❶4　❷5　❸9　❹7

☆アドバイス　**4**　見えているひよこの数を書いてしまうことがあります。例えば❶では、「6は5といくつ」と考えることを話してください。
5　10という数の構成の理解は、この後の学習で特に大切になります。しっかり理解させておきましょう。

6 あわせて いくつ　14ページ

1　❶2+1=3　❷1+3=4
　❸2+3=5　❹4+2=6

7 ふえると いくつ　16ページ

1　❶1+2=3　❷2+2=4
　❸5+1=6　❹4+3=7

💡アドバイス　前の「あわせていくつ」と合わせて、たし算の意味と式の表し方をよく理解させましょう。

8 たしざん①　18ページ

1　❶3　❷6　❸5　❹4
　❺7　❻6　❼8　❽9

2
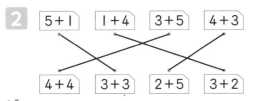

💡アドバイス　2 カードの近くに答えを書かせてから、線で結ばせるとよいです。

9 たしざん②　20ページ

1　❶9　❷9　❸7　❹8
　❺9　❻9　❼10　❽10

2　あ、う、おを◯で囲む。

💡アドバイス　それぞれの数字の表す数を頭の中に思い浮かべて計算できることが理想ですが、無理なようであれば、おはじきなどの具体物を使って考えさせましょう。

10 0の たしざん　22ページ

1　❶3　❷2

2　❶1　　❷6　❸4　❹5
　❺8　　❻7　❼5　❽9
　❾10　❿0

💡アドバイス　2 玉入れなどの場面をもとにして考えさせましょう。

11 のこりは いくつ　24ページ

1　❶3-1=2　❷4-3=1
　❸5-3=2　❹6-2=4

12 ちがいは いくつ　26ページ

1　5-4=1

2　❶4-2=2　❷5-1=4
　❸7-3=4

💡アドバイス　前の「のこりはいくつ」と合わせて、ひき算の意味と式の表し方をよく理解させましょう。
2 「かずのちがい」はわかりにくい言葉です。1 の絵と見比べさせて、「いくつおおい」と同じであることを理解させましょう。

13 ひきざん①　28ページ

1　❶3　❷5　❸1　❹2
　❺1　❻3　❼4　❽5

2
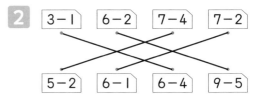

1 ①8 ②2 ③9 ④1 ⑤7 ⑥2 ⑦3 ⑧8

2 い、え、か を◯で囲む。

⚡アドバイス　まちがえた計算は、おはじきなどを使って、正しい答えを確かめることも大切です。

15 0の ひきざん　32ページ

1 ①2 ②0

2 ①1 ②0 ③5 ④0 ⑤0 ⑥8 ⑦4 ⑧0 ⑨10 ⑩0

⚡アドバイス　2 ボウリングなどの場面をもとにして考えさせましょう。

16 たしざんと ひきざんの れんしゅう①　33ページ

1 ①4 ②2 ③9 ④6 ⑤7 ⑥7 ⑦10 ⑧9 ⑨10 ⑩8

2 ①1 ②2 ③5 ④2 ⑤3 ⑥2 ⑦1 ⑧3 ⑨6 ⑩0

3 ①あ5 い7 う4 え6 お8 か10
　②あ1 い3 う8 え5 お4 か7

4

⚡アドバイス　よくまちがえるたし算やひき算をチェックしてやり直させ、少しずつ減らしていきながら、式を見たら反射的に答えが出るようになるまで練習することが大切です。

17 20までの かず　36ページ

1 ①13 ②15 ③11 ④20

2 ①14 ②17 ③2 ④8 ⑤10 ⑥10

⚡アドバイス　11から19までの数を、「10といくつで10いくつ」ととらえることが大切です。これは、このあと学習する計算を考えるときの基礎になります。

18 20までの かずの けいさん①　38ページ

1 ①11 ②14 ③12 ④16 ⑤15 ⑥19 ⑦17 ⑧18

2 ①10 ②10 ③10 ④10 ⑤10 ⑥10 ⑦10 ⑧10

19 20までの かずの けいさん②　40ページ

1 ①14 ②15 ③16 ④17 ⑤16 ⑥18 ⑦17 ⑧19

2 ①13 ②11 ③15 ④14 ⑤13 ⑥16 ⑦11 ⑧16

⚡アドバイス　ばら（端数）を計算して、「10といくつで10いくつ」と求められます。

1① ①11は10と1
　　②1+3で、4
　　③10と4で、14

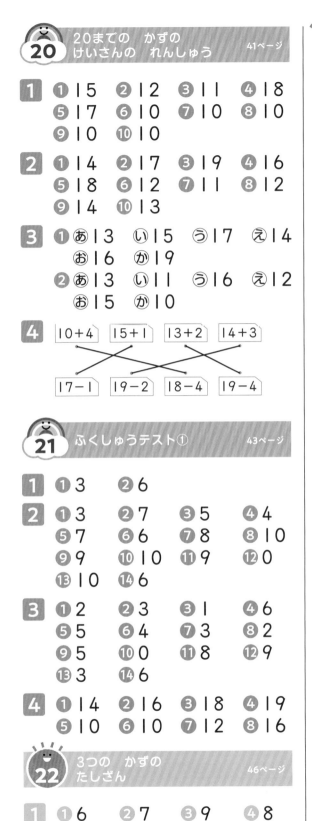

20 20までの かずの けいさんの れんしゅう　41ページ

1 ①15 ②12 ③11 ④18 ⑤17 ⑥10 ⑦10 ⑧10 ⑨10 ⑩10

2 ①14 ②17 ③19 ④16 ⑤18 ⑥12 ⑦11 ⑧12 ⑨14 ⑩13

3 ①あ13 い15 う17 え14 お16 か19
　　②あ13 い11 う16 え12 お15 か10

4
| 10+4 | 15+1 | 13+2 | 14+3 |

| 17-1 | 19-2 | 18-4 | 19-4 |

21 ふくしゅうテスト①　43ページ

1 ①3 ②6

2 ①3 ②7 ③5 ④4 ⑤7 ⑥6 ⑦8 ⑧10 ⑨9 ⑩10 ⑪9 ⑫0 ⑬10 ⑭6

3 ①2 ②3 ③1 ④6 ⑤5 ⑥4 ⑦3 ⑧2 ⑨5 ⑩0 ⑪8 ⑫9 ⑬3 ⑭6

4 ①14 ②16 ③18 ④19 ⑤10 ⑥10 ⑦12 ⑧16

22 3つの かずの たしざん　46ページ

1 ①6 ②7 ③9 ④8 ⑤9 ⑥10 ⑦10 ⑧10

2 ①13 ②15 ③12 ④18

アドバイス　１年生で学習する３つの数の計算は、前から順に計算していくことが原則です。初めの２つの数の計算の答えを式の近くに書き、残りの数との計算をするとよいです。

23 3つの かずの ひきざん　48ページ

1 ①2 ②3 ③2 ④4 ⑤3 ⑥2 ⑦6 ⑧3

2 ①6 ②1 ③3 ④8

24 3つの かずの たしざん、ひきざん　50ページ

1 ①3 ②6 ③8 ④7 ⑤6 ⑥7

2 ①3 ②4 ③5 ④4 ⑤7 ⑥2

25 3つの かずの けいさんの れんしゅう　51ページ

1 ①9 ②7 ③8 ④9 ⑤17 ⑥10 ⑦10 ⑧16

2 ①2 ②4 ③2 ④1 ⑤3 ⑥4 ⑦2 ⑧8

3 ①6 ②5 ③8 ④7 ⑤9 ⑥6 ⑦3 ⑧2 ⑨5 ⑩1 ⑪5 ⑫2

4
| 9-1-2 | 1+3+4 | 8-3+2 |

| 10-7+5 | 16-6-3 | 1+9-4 |

アドバイス　３つの数の計算には、20までの数の計算を含むものがあります。注意して計算させましょう。

左カラム

26 くり上がりの　ある たしざん①　54ページ

1 ①13　②11　③15　④12
　　⑤14　⑥13　⑦14　⑧11

2 い、かを◯で囲む。

☆アドバイス　くり上がりのあるたし算は、まず10を作り、「10といくつで10いくつ」と計算します。

27 くり上がりの　ある たしざん②　56ページ

1 ①11　②12　③11　④12
　　⑤13　⑥14　⑦15　⑧17

2 い、おを◯で囲む。

☆アドバイス　「3+8」のように、たす数のほうが10に近い場合は、たされる数3で10を作って計算しても、たす数8で10を作って計算しても、どちらでもよいです。

28 くり下がりの　ある ひきざん①　58ページ

1 ①4　②3　③5　④2
　　⑤7　⑥6　⑦5　⑧7

2 あ、かを◯で囲む。

☆アドバイス　くり下がりのあるひき算は、10いくつの10からひき、残りの数をたして計算します。

29 くり下がりの　ある ひきざん②　60ページ

1 ①9　②8　③9　④8
　　⑤7　⑥9　⑦8　⑧6

2 う、おを◯で囲む。

右カラム

☆アドバイス　「13-4」のように、ひかれる数の一の位の数とひく数が近い場合は、10からひく方法でも、次のようにひく数を分けてひく方法でも、どちらでもよいです。
13-4　①4を3と1に分ける。
　3　1　②13-3=10
　　　　③10-1=9

30 たしざんと　ひきざんの れんしゅう②　61ページ

1 ①13　②11　③15　④17
　　⑤14　⑥12　⑦16　⑧14
　　⑨18　⑩16

2 ①4　②9　③3　④7
　　⑤9　⑥6　⑦8　⑧8
　　⑨9　⑩7

3 ①あ12　い17　う15　え16
　　　お13　か11
　　②あ4　い6　う2　え7
　　　お9　か5

4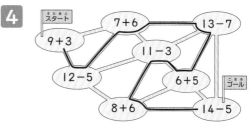

31 100までの　かず　64ページ

1 ①48　②90

2 ①30　②6　③28　④70
　　⑤46　⑥8　⑦10

☆アドバイス　2桁の数は、「10が何個で何十、何十と何で何十何」ととらえて、2つの数字を並べて表すことを理解します。

32 100までの かずの けいさん① 66ページ

1 ①23 ②45 ③76 ④92
　　⑤37 ⑥59 ⑦87 ⑧69

2 ①30 ②50 ③60 ④80
　　⑤21 ⑥72 ⑦46 ⑧92

★アドバイス **1**の①～④、**2**の①～④は、数の構成（何十といくつ）をもとにして計算できます。
　　1の⑤～⑧、**2**の⑤～⑧は、20までの数の計算と同じように、ばら（端数）を計算して、「何十と何で何十何」と求められます。

33 100までの かずの けいさん② 68ページ

1 ①50 ②60 ③80 ④90
　　⑤70 ⑥80 ⑦100 ⑧100

2 ①20 ②70 ③20 ④30
　　⑤50 ⑥70 ⑦10 ⑧40

★アドバイス 10のまとまりの数がいくつかを考えれば、「4＋1」や、「5－3」のような計算をもとにして求められることを理解します。
　　1の⑦、⑧、**2**の⑦、⑧は、100の数の構成（10のまとまりが10個）をもとにして計算します。

34 100までの かずの けいさんの れんしゅう 69ページ

1 ①24 ②61 ③49 ④87
　　⑤36 ⑥58 ⑦75 ⑧86
　　⑨69 ⑩98

2 ①20 ②40 ③70 ④90
　　⑤31 ⑥68 ⑦54 ⑧93
　　⑨74 ⑩83

3 ①40 ②50 ③70 ④80
　　⑤90 ⑥100 ⑦80 ⑧100
　　⑨30 ⑩40 ⑪10 ⑫20
　　⑬60 ⑭50 ⑮20 ⑯80

4 61+6　40+20　60+6　20+50

69-3　68-1　100-30　67-7

35 ふくしゅうテスト② 71ページ

1 ①9 ②10 ③15 ④1
　　⑤4 ⑥2 ⑦8 ⑧9
　　⑨2 ⑩7

2 ①11 ②13 ③12 ④15
　　⑤14 ⑥11 ⑦16 ⑧12
　　⑨13 ⑩17

3 ①4 ②5 ③7 ④9
　　⑤3 ⑥8 ⑦6 ⑧9
　　⑨7 ⑩8

4 ①35 ②58 ③20 ④70
　　⑤47 ⑥69 ⑦52 ⑧84
　　⑨80 ⑩100 ⑪50 ⑫30

36 まとめテスト 73ページ

1 ①7 ②0 ③4 ④8
　　⑤12 ⑥11 ⑦10 ⑧9
　　⑨6 ⑩5 ⑪13 ⑫11
　　⑬15 ⑭4 ⑮9 ⑯6
　　⑰35 ⑱80 ⑲100 ⑳30

2 ①4 ②6 ③15 ④16
　　⑤6 ⑥17 ⑦9 ⑧0
　　⑨11 ⑩5 ⑪8 ⑫12
　　⑬17 ⑭40 ⑮3 ⑯86
　　⑰59 ⑱8 ⑲80 ⑳90
　　㉑8 ㉒100